国际空间站

【美】劳拉·汉密尔顿·韦克斯曼（Laura Hamilton Waxman） 著
王 蒙 译

化学工业出版社

·北京·

致我的两名学员,其中一位是太空公主,另一位是宇航员。

图书在版编目（CIP）数据

国际空间站 /〔美〕韦克斯曼（Waxman, L.H.）著；王蒙译 . —北京：化学工业出版社，2015.9
（太空大揭秘）（2024.9重印）
书名原文：Exploring the International Space Station
ISBN 978-7-122-24628-8

Ⅰ. ①国… Ⅱ. ①韦… ②王… Ⅲ. ①星际站—青少年读物 Ⅳ. ① V476.1-49

中国版本图书馆 CIP 数据核字（2015）第 158414 号

Exploring the International Space Station / by Lerner Publishing Group, Inc.
ISBN 978-0-7613-5443-7
Copyright © 2012 by Lerner Publishing Group, Inc. All rights reserved.
Authorized translation from the English language edition published by Lerner Publishing Group, Inc.
本书中文简体字版由 Lerner Publishing Group, Inc. 授权化学工业出版社独家出版发行。
未经许可,不得以任何方式复制或抄袭本书的任何部分,违者必究。

北京市版权局著作权合同登记号：01-2014-1585

责任编辑：成荣霞　　　　　文字编辑：陈　雨
责任校对：边　涛　　　　　装帧设计：尹琳琳

出版发行：化学工业出版社（北京市东城区青年湖南街 13 号　邮政编码 100011）
印　　装：北京瑞禾彩色印刷有限公司
889mm×1194mm　1/24　印张 1¾　字数 50 千字　2024 年 9 月北京第 1 版第 10 次印刷

购书咨询：010-64518888　　　　　　　售后服务：010-64518899
网　　址：http://www.cip.com.cn
凡购买本书,如有缺损质量问题,本社销售中心负责调换。

定　　价：18.00元　　　　　　　　　　　　　　　　　　　版权所有　违者必究

目 录

第一章
太空之家 4

第二章
宇航员的工作 .. 11

第三章
国际空间站的供给 23

第四章
一天的生活 28

第五章
国际空间站的未来 36

词汇表 38
延伸阅读 39
图片致谢 40

第一章 太空之家

试想一下,一天早上你醒来的时候,睁眼看到的不是天花板而是睡袋,而这个睡袋又不在帐篷里,甚至都不在地上。你的身体紧贴着墙,窗户外面是明亮湛蓝的地球。你从睡袋之中飘出来开始你崭新的一天。这便是国际空间站(简称ISS)新的一天的开始。

从太空看地球。国际空间站的宇航员们面向向窗外会看到什么呢?

大且快

国际空间站位于我们星球386千米的上空,以每小时27720千米的速度环绕地球飞行。每环绕地球一周我们称之为一圈,绕行一圈耗时90分钟。

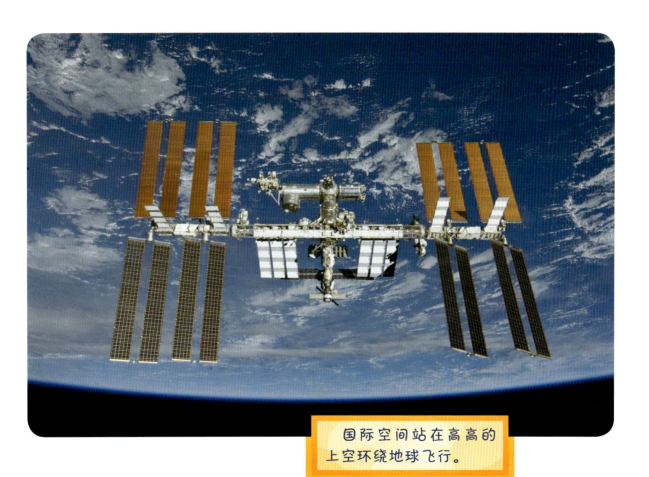

国际空间站在高高的上空环绕地球飞行。

国际空间站由成千上万个部分组成,其中最大的部分叫做舱室。空间站里的舱室就像房间一样,可以用来睡觉、工作以及储存物资。这些舱室都有自己的名字,像"命运号"、"和谐号"和"团结号"。

一条机械臂将"命运号"宇宙飞船的舱室移动到国际空间站。

国际空间站的工作人员和"发现号"宇宙飞船的宇航员们于2010年4月在空间站上集体合照。

　　宇航员们在空间站里生活、工作。这些宇航员必须经过专业训练才可以进行太空旅行。国际空间站的宇航员来自不同的国家,例如美国、俄罗斯、巴西、日本和荷兰。

▶ 各国精英集聚

1984年，美国向各国寻求帮助建造世界上最大的空间站，日本、加拿大、巴西以及11个欧洲国家同意加盟。不久，俄罗斯也加入其中。俄罗斯和美国互为对手由来已久，而国际空间站让他们团结到了一起。

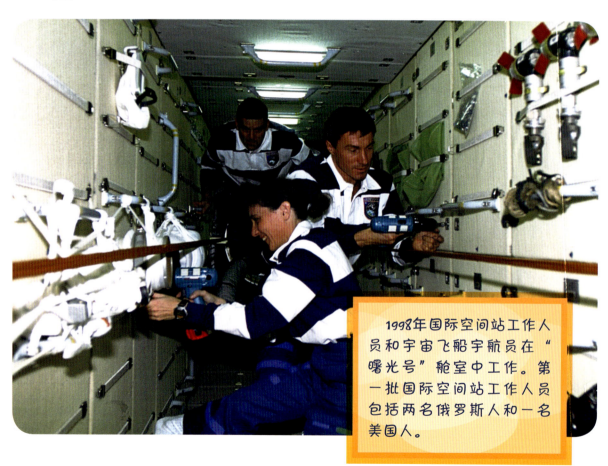

1998年国际空间站工作人员和宇宙飞船宇航员在"曙光号"舱室中工作。第一批国际空间站工作人员包括两名俄罗斯人和一名美国人。

俄罗斯建造了国际空间站的第一部分,并于1998年将其送入轨道。从那以后,每年都会有更多的部分被送到太空。人们在地球上制造好这些部件,随后再由宇航员在太空中将它们组装在一起。

1998年,一名宇航员正在组接国际空间站的部件。

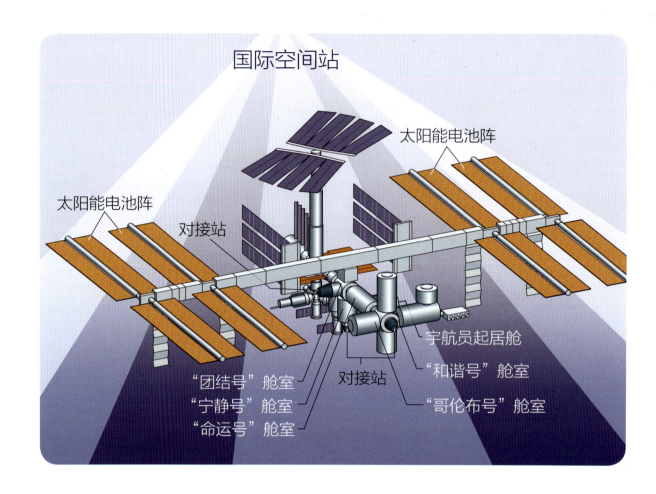

空间站非常巨大。建造完成后,其宽有109米,重达362874千克。长度相当于一个足球场,而重量相当于450辆汽车。

第二章　宇航员的工作

自2000年开始，成百上千的宇航员来到空间站工作。他们以小组为单位，每个小组的宇航员至少来自两个不同的国家。运行空间站的成员是空间站的工作人员，每六个月轮换一次。

国际空间站的两名成员于2010年在"命运号"实验室工作。你能猜出来他们在空间站待多久了吗？

▶ 低引力

　　国际空间站的宇航员们要在地球上受训至少18个月，他们学习如何使用并维修空间站的设备，练习如何在低引力的条件下生活，有的宇航员还要学习如何建造国际空间站。

一名宇航员正在测试空间站的水的质量。生活在空间站的人们必须确保空间站的每个部件正常工作。

引力是一个物体对另一个物体的牵引力。地球引力是使物体保持在地面上的力。你可以从地上跳起来,但是地球引力总是会将你拉回地面

一名宇航员飘在空间站上方。空间站的宇航员们处于失重状态。

宇航员在空间站的环境是无重力环境。空间站没有上下之分，宇航员在空间站不是走或跑，而是四处飘移或飞行。松散的物体也会到处飘移。

2008年，空间站中的水果和宇航员们一起到处飘移。

太空科学家

每个空间站有一组工作人员,每组工作人员由六名宇航员组成。他们负责看护国际空间站,使空间站的计算机及其他设备保持正常运行。

国际空间站的工作人员必须了解如何操作空间站的所有设备。

其中也有工作人员在空间站的实验室工作。他们利用不同的工具和仪器在实验室里做实验。

国际空间站的一名工作人员展示了在空间站的一间实验室里的植物实验。他们种植的是一种叫做大麦的粮食作物。

宇航员可以利用实验来验证科学想法。例如通过实验,工作人员研究在失重状态下各物体是如何运作的,以及植物在太空中是如何生长的。甚至他们也研究自己,探索人体在太空中是如何受影响的。

这项实验帮助工作人员研究太空中植物的生长情况。

宇航员在太空中所掌握的知识可以帮助我们在地球上更好地生活。他们研究如何制备出更好的药品。试验各种不同的材料，比如金属和玻璃。通过这些测试可以让我们在地球上建造出更加坚固的建筑。宇航员们通过研究外太空，进而更加深入了解我们的星球。

一名工作人员正在研究空间站的一条机械臂的控制器。机械臂能够帮助宇航员们做实验以及完成其他的太空任务。

太空漫步

不像其他宇航员要在国际空间站工作数月,一些宇航员只在国际空间站工作几天。他们的主要任务就是为空间站增加零部件。为了完成工作,他们必须可以在空间站外行走,即太空漫步。

宇航员们在空间站外进行太空漫步。他们对空间站设备进行维修而且让设备保持良好运转状态。

对于人类来说,外太空的条件是致命的。没有氧气可供呼吸,昼夜温差巨大,白天的温度可以将人烤死,而晚上的温度又可以将人冻死。太阳所发出的射线对人类也有很大的危害。所以,为了让宇航员在外太空安全地工作,宇航员需要穿上宇航服并配戴头盔。

这位宇航员穿着一套宇航服,戴着头盔。宇航员身体的每个部分都必须受到保护,以免受到危害。

由于宇航员在外太空行走时是失重的，所以他们必须时刻将自己与空间站进行固定。但是如果有人脱离了国际空间站怎么办？

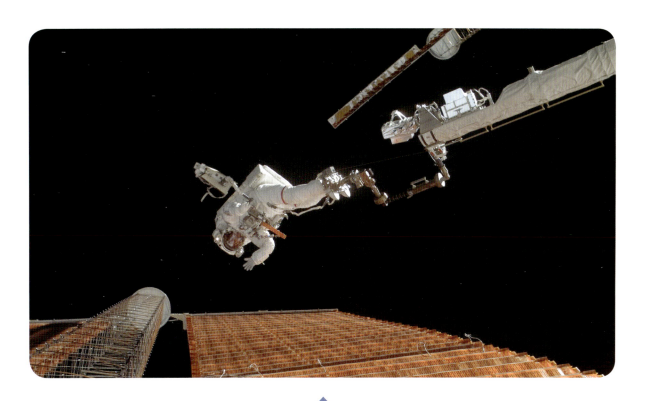

一种特殊的工具让这位宇航员附接在空间站上。宇航员必须时时刻刻都跟空间站保持联结状态

你能看到这位宇航员身上的背包形设备吗?它就叫做"SAFER"。

所有的太空漫步者都带着一套太空喷气背包,简称"SAFER",是小型飞行机器。"SAFER"是宇宙飞船外活动救援简单装置的缩写。"SAFER"捆在宇航服的背面,就像一个背包一样。它能喷射气流,然后推动宇航员回到安全区域。

第三章 国际空间站的供给

　　国际空间站及其工作人员需要很多物资，但是太空没有食品杂货店和五金店。宇宙飞船必须从地球上运输物资到空间站，同时也载人。通常来说，宇宙飞船一到三个月就去一趟国际空间站。

一艘俄罗斯宇宙飞船与国际空间站进行对接。空间站是如何得到自己所需的物资的呢？

食物

宇航员在空间站需要食物。空间站又没有冰箱。所以,大部分食物都是罐装食物或者干制食品。

> 这块肉是干制的,用塑料进行外封装。同时还有一把剪刀,宇航员可用其打开塑料封装。

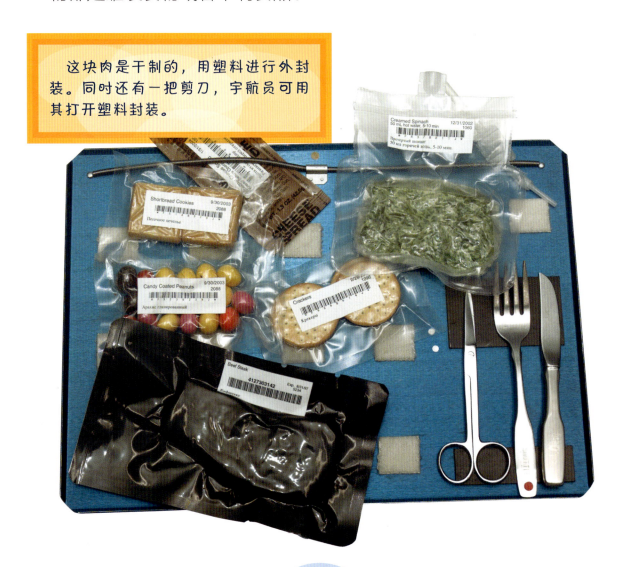

宇航员从鸡肉到蛋糕什么都吃。他们也有饮料，像咖啡、茶和橙汁。太空饮料都是粉末状的。宇航员们吃饭时将饮料和干制食品加上水吃。

国际空间站的俄罗斯工作人员正在用餐。

▶ **水**

水也是从地球上运输过去的。但是,宇宙飞船并不能携带宇航员所需那么多的水。这些机器将汗水、洗澡水和尿液进行清洁处理,成为可饮用水。这听起来挺恶心的,但是确实有效。

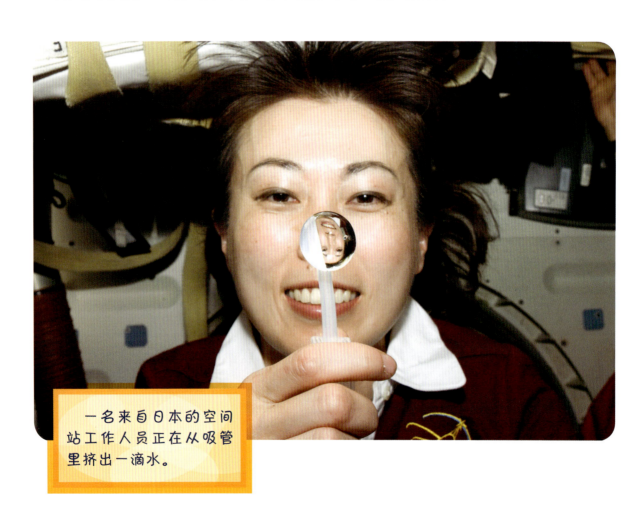

一名来自日本的空间站工作人员正在从吸管里挤出一滴水。

空间站机翼上面的平板能够捕捉阳光。人们用它来为空间站制造动力

电

国际空间站的设备需要动力。空间站可以使用太阳能电池阵自己制造动力。这些阳光收集者就像巨大的翅膀一样，可以将光能转化成电能。

第四章 一天的生活

空间站的生活是很忙碌的，每位工作人员每天都有不同的工作。但是通常来讲，工作人员都有相同的日程安排。他们每天早上大约六点起床，晚上九点半休息。中间就是一整天的活动安排。

这位宇航员手里拿着一份如何使用空间站设备的说明书。工作人员会花费大量时间来使用和维护设备。他们每天的活动还有什么呢？

进餐时间

工作人员通常都是一起吃早餐、午餐和晚餐,但他们不围着一张桌子坐,而是将自己的脚伸进固定于地板上的立脚点上。这些条带或者板条可以让他们待在一个位置而不乱飘。

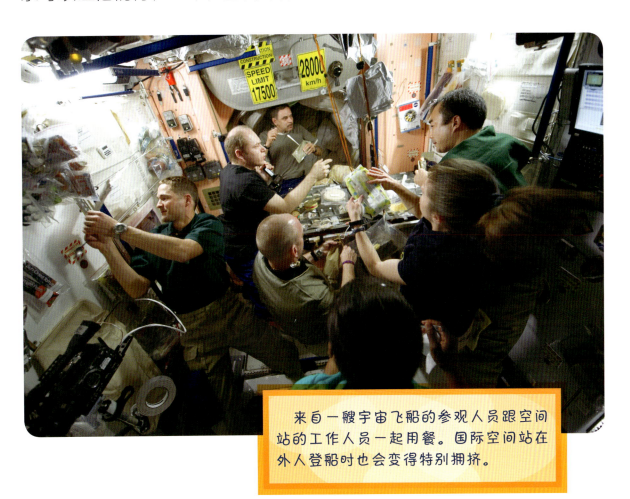

来自一艘宇宙飞船的参观人员跟空间站的工作人员一起用餐。国际空间站在外人登船时也会变得特别拥挤。

"团结号"舱室的工作人员正在用餐。这里的食物容器附接到一个餐盘上以防它们到处飘浮。

　　桌子上的每个物体都要固定住。餐盘用条带固定在桌子上。很多食物容器在底部都有很厚的搭扣。人们运用磁力将刀叉固定住,以免飘走。

工作人员尽量不吐任何东西,以免液体和食物在失重状态飘进空间站的设备当中。

工作人员小心翼翼地不让食物飘走,以免进入到设备中。

▶ 保持强大

　　工作人员每日工作十到十二个小时。他们早上和下午都会锻炼身体,这会让他们保持健康的体魄。在太空他们的身体并没有反重力运作,所以到处移动并不会费太多力气。假以时日,他们的肌肉和骨头会越长越弱。

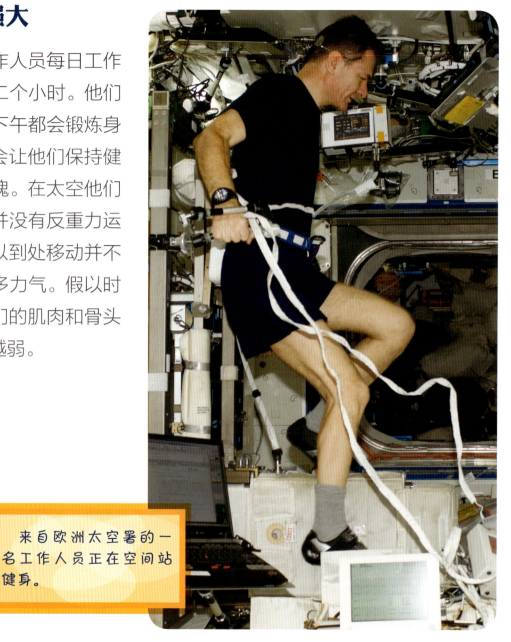

来自欧洲太空署的一名工作人员正在空间站健身。

锻炼可以让工作人员保持健康。国际空间站有用于跑步的跑步机，也有没有座的锻炼小车，还有称重的机器。

这位宇航员正在空间站的固定式健身车上健身。锻炼对于让工作人员保持健康非常重要。

▶ 休息时间

工作人员大概在晚上七点左右完成工作。他们吃完晚饭,会有些空闲时间看电影、发邮件、弹吉他或者只是休息,他们甚至还可以打电话给地球上的家人们。

空闲时间,这位宇航员在空间站弹吉他。他同时可以透过空间站的窗户来欣赏地球的美景。

睡觉

空间站设有睡眠区域,但是那里并没有床。宇航员在一种特殊的睡袋里面进行睡眠,这些睡袋被固定到一面墙上。

空间站工作人员将自己蜷缩进入睡袋中,在一天的生活结束之际互道晚安。

第五章 国际空间站的未来

空间站不会永久存在，让空间站保持运行需要花费大量的金钱。即使是这样，美国和其他国家仍希望将空间站维持使用至少到2020年。太空的生活还有很多需要去学习。

国际空间站是学习研究太空的一个重要工具。它会在太空中运行多久呢？

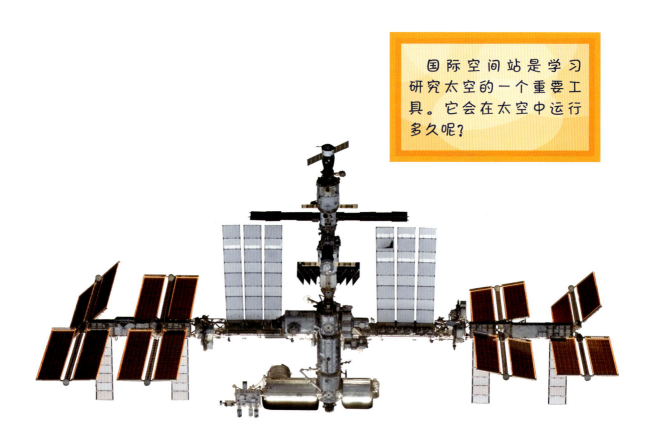

新的梦想

空间站的实验室一直在计划着很多新型实验。而且,国际空间站一直在教我们如何在太空生存。未来的某一天,我们也许会在月球或者火星上建造空间站。空间站的工作或许会令这些梦想得以实现。

艺术家想象的在月球基地上看到的挂在空中的地球。

词汇表

宇航员： 经过专业训练而进行太空飞行的人。

引力： 物质之间相互存在的吸引力。

实验室： 专门用于科学实验的区域。

舱室： 宇宙飞船或空间站的一个部分。

运行轨道： 一个天体绕行另一个天体的路径。

太空喷气背包（SAFER）： 太空船外活动简便救援装置。它是安装在宇航服背面的机械装置，能喷射气流让宇航员实现各个方向的移动。

太阳能电池阵： 航天器或空间站上安装的可将太阳能转化成电能的电池的阵列。

宇宙飞船： 能将人类和物资运送到外太空的一种航天器。

太空漫步： 在太空中进行外部移动和操作的工作。

延伸阅读

书籍

◆ [韩] 金志炫 著，金住京 绘.**掉入黑洞的星际家庭：从双星到超新星，揭开宇宙不为人知的秘密**.

我们的银河里，有2000亿颗星星。在这其中，有互相绕着旋转的双星，有忽明忽暗的变光星，有由许多星星聚在一起构成的星团，有爆发之前放出光芒的超新星，有把路过的星星都吸进去的黑洞。请跟随小主人公漫游整个银河，其乐无穷！

◆ [韩] 海豚脚足 著，李陆达 绘.**科学超入门（5）：月球——好奇心，来到月球！**

月亮的形状每天都在改变。有时候像盘子一样又大又圆，接着慢慢缩小成半个月亮，再过几天，又变得像眉毛一样又细又弯。通过与小主人公的月球之旅，你就会明白月亮形状变化的秘密，还有其中的规律了。

◆ [韩] 田和英 著，五智贤 绘.**科学超入门（4）：气体——气体，一起漫游太阳系！**

学习气体知识为什么要去行星上探险呢？本书如同一部科幻漫画，请跟随小主人公一起踏上了漫游太阳系的旅程吧！

网址

可点击的宇航服

http://www.nasa.gov/audience/foreducators/spacesuits/home/clickable_suit.html

学习到作为一名太空漫步者需要保证安全的知识。

空间站的小孩

http://iss.jaxa.jp/kids/en/station/01.html

访问这个网站可以看到太空中生活和空间站有趣的故事。

空间站太空漫步游戏

http://www.nasa.gov/multimedia/3d_resources/station_spacewalk_game.html

通过玩这个在线游戏，了解在太空建造空间站的困难程度。

▶ 图片致谢

本书所使用的图片经过了以下单位和个人的允许：美国国家航空航天局，图片4～9, 11～15, 17, 18, 21～23, 25, 26, 28～36；© Laura Westlund/独立图文服务，图片10；© 美国国家航空航天局/盖提图文，图片27；© 美国国家航空航天局/照片研究者有限公司，图片16, 20, 24；© 科学来源/照片研究者有限公司，图片19；© Chris Butler/照片研究者有限公司，图片37。

封面图片：美国国家航空航天局。